Supplément au Bulletin d'A...

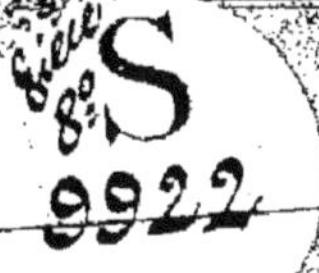
8° S 9922

SOCIÉTÉ D'HORTICULTURE

DES ARRONDISSEMENTS

DE MELUN & FONTAINEBLEAU

FONDÉE EN 1852

MONOGRAPHIE

Comperat

SECRÉTAIRE GÉNÉRAL

M. Albert COMPERAT, à SAMOREAU, par AVON (S-et-M)

1904

SOCIÉTÉ

D'HORTICULTURE

DES ARRONDISSEMENTS

DE MELUN & FONTAINEBLEAU

FONDÉE EN 1852

MONOGRAPHIE

SECRÉTAIRE GÉNÉRAL

M. Albert COMPERAT, à SAMOREAU, par AVON (S-et-M)

1904

SOCIÉTÉ D'HORTICULTURE

DES ARRONDISSEMENTS

DE MELUN & FONTAINEBLEAU

MONOGRAPHIE

Au moment où la Société d'horticulture des arrondissements de Melun et de Fontainebleau entre dans sa cinquante-troisième année, il m'a paru intéressant de rappeler ses débuts, de noter ses transformations et de retracer les faits importants de son existence.

Il est toujours utile de jeter de temps en temps un coup d'œil en arrière, pour se rendre compte des résultats obtenus, profiter des leçons du passé et pour faire « toujours mieux », si cela est possible. Il est bon que les jeunes d'aujourd'hui, remplis d'ardeur et de bon vouloir, sachent qu'il y a eu avant eux des hommes qui se sont dévoués à la même tâche. C'est dans cet esprit que j'ai résumé brièvement les traits principaux des années écoulées, depuis 1852, en une monographie présentant les diverses phases de la vie de la Société.

A tous ceux qui s'intéressent à nos travaux, est offert cet historique, sans prétention littéraire, dont l'impartialité et l'exactitude constituent le seul mérite.

FONDATION DE LA SOCIÉTÉ

1852

C'est sur l'initiative de M. de Magnitot, préfet de Seine-et-Marne, qu'a été fondée la Société d'horticulture des arrondissements de Melun et de Fontainebleau. Après s'être assuré du concours de plusieurs amateurs et horticulteurs, il s'occupa de désigner lui-même les membres du bureau de la Société naissante. Le 2 mai 1852, il écrivit à M. Lefèvre, avoué à Melun, pour le prier d'accepter les fonctions de secrétaire, et l'inviter en même temps à se rendre à la Préfecture, le jeudi suivant, pour élaborer un projet de statuts.

En date de ce jour, 6 mai 1852, un arrêté préfectoral fonde la Société d'horticulture et nomme les membres du bureau.

La séance d'installation eut lieu le dimanche 9 mai; M. le Préfet avait fait adresser aux premiers adhérents une lettre par laquelle il les invitait à assister à la réunion générale de la Société d'horticulture, organisée sous le patronage de l'autorité supérieure, à midi, à l'hôtel de ville de Melun.

Voici les noms des membres du bureau :

Président d'honneur, M. DE MAGNITOT.

Président, M. le vicomte DE VALMEYR, maire de Fontaine-le-Port.

Vice-président, M. Héracle FRÉTEAU DE PÉNY, maire de Vaux-le-Pénil.

Secrétaire, M. LEFÈVRE, avocat à Melun.

Secrétaire-adjoint, M. LARCHER, professeur à l'Ecole Normale.

Trésorier-archiviste, M. MOULIN, percepteur au Mée.

Membres de la commission permanente :

MM. ALFROY-DUGUET, pépiniériste à Lieusaint ; BUVAL,

architecte à Melun ; Brémont, jardinier-chef à Praslin ; Duclos, conseiller de préfecture ; Journeil, pharmacien à Melun ; Ratier, propriétaire à Fay, près Nemours ; de la Vigerie, propriétaire à Villiers-en-Bière ; de Saint-Venant, propriétaire à La Rochette.

A cette première assemblée générale, il a été décidé d'organiser deux concours par an, au printemps et à l'automne.

La première Exposition eut lieu à Melun, dans le grand cirque du jardin de Tivoli, boulevard Saint-Jean, du 29 au 31 mai. On y a compté vingt-neuf exposants. Aux termes du premier règlement, la Société ne devait se réunir que quatre fois par an. Mais il apparut vite que des réunions plus fréquentes étaient indispensables, pour donner aux sociétaires la faculté de présenter leurs produits, fleurs et fruits.

Il fut donc décidé, à la séance du 11 juillet, que des réunions générales auraient lieu le second dimanche de chaque mois, depuis mars jusqu'en octobre.

La deuxième Exposition eut lieu du 25 au 27 septembre. Pour la deuxième fois, il a été fait appel aux Sociétés voisines pour avoir des jurés. La Société d'horticulture de Paris et centrale de France délégua son secrétaire général, M. Boussière, et M. Bouchet ; la Société Nationale d'horticulture de la Seine, M. Hérincq, et la Société de Meaux, M. Baudinat. Le premier grand prix, une médaille d'argent grand module, a été décerné à M. Morlet, d'Avon, pour introduction de plantes nouvelles. Des premiers prix sont accordés à MM. Cochet (Roses de semis) ; Sertier (arbres fruitiers) ; Guenoux (Dahlias) ; Varangot (Fuschias).

La distribution des récompenses a eu lieu avec beaucoup de solennité, sous la présidence de M. de Magnitot, assisté de M. de Valmeyr et des notabilités de Melun. Après le discours d'usage, M. Alfroy-Duguet, pépiniériste à Lieusaint, a lu un rapport sur les visites de cultures, qui ont été faites cette année par la Commission. Il y en a eu vingt-quatre, un peu partout, à Thomery, chez MM. Charmeux, Cardon et Michin ; au Mée, chez M. de Fraguier ; à Evry, chez Mme la marquise d'Evry ; chez M. Ménard, à Melun ; chez M. Gareau, à Bréau, etc.

A la séance d'août, il a été communiqué un mémoire de M. Charmeux, sur l'efficacité de la fleur de soufre pour combattre la maladie de la vigne. Un rapport de M. Varangot, horticulteur à Melun, sur les ravages du ver blanc, et réclamant l'assistance du Gouvernement pour la destruction des hannetons, a été transmis, après approbation, à la préfecture.

En fin d'année, le nombre des sociétaires dépassait deux cent cinquante.

1853

L'Exposition de printemps s'est tenue du 14 au 16 mai, dans le jardin du Palais de Fontainebleau, dans la partie réservée, au Boulingrin. Une vaste tente abritait les massifs, dessinés par M. Buval, architecte à Melun. On y admirait les beaux Mimosas, les Azalées, les Rhododendrons et des Glaïeuls exposés par M. Souchet, jardinier en chef du Palais. M. Martine, horticulteur à Fontainebleau, avait un beau lot de Calcéolaires et de Pelargoniums et un Rhododendron Queen Victoria. M. Rose Charmeux présentait des Raisins et des Fraises. M. Morlet, d'Avon, des Conifères et des arbustes. Dans l'industrie horticole, on remarquait particulièrement les sécateurs de M. Digard, de Thomery.

La distribution des récompenses a été faite dans la salle de spectacle du Palais, magnifiquement décorée par les belles plantes de M. Souchet, qui avait largement contribué à l'éclat de cette première fête de l'horticulture, à Fontainebleau. M. de Magnitot, préfet de Seine-et-Marne, et M. de Valmeyr, président de la Société, ont prononcé deux intéressants discours. Dans un rapport sur les visites de jardins, lu par M. Alfroy-Duguet, de Lieusaint, il est question des ravages faits par « une larve qui se creuse une retraite et s'ensevelit dans le bouton à fruit du poirier qu'il finit par corroder entièrement. Un soir, elle sort vivante de ce sépulcre, sous la forme d'un charançon obscur... ». Sous ces termes dramatiques, on reconnait, bien qu'il ne soit pas nommé, l'Anthonome qui, depuis cette époque, continue toujours ses dégâts dans nos plantations fruitières.

A la réunion du 11 juin, M. le Préfet fait annoncer que l'Impératrice a bien voulu accorder son patronage à la Société. A dater de cette époque, jusqu'en 1870, tous les actes officiels de la Société, bulletins, programmes de concours, affiches, porteront la mention : Sous le patronage de S. M. l'Impératrice.

L'Exposition d'automne, du 17 au 19 septembre, s'est tenue à Melun, dans les jardins de M. Parque. On y remarquait les Glaïeuls de M. Souchet, les Roses de M. Cochet, de Suisnes, les Plantes fleuries de M. Varangot, de Melun, un lot nombreux de Fuchsias de semis, de M. Narcis, d'Ervy, des Conifères variés de M. le vicomte Clary. Parmi les exposants qui avaient apporté des fruits figurent M. Rose Charmeux (corbeilles de raisins), M. Cochet (80 variétés de fruits), M. Sertier (80 variétés de fruits divers), M. Alfroy (64 variétés de Poires, Prunes et Pêches).

Parmi les objets industriels, un soufflet à projeter le soufre, perfectionné par M. Gaffé, de Fontainebleau, est très recommandé. Il fallait s'armer contre l'oïdium qui, au mois d'août 1851, avait envahi les espaliers des environs de Paris et les vignobles de Thomery. A la distribution des récompenses, discours de M. de Magnitot et de M. le vicomte de Valmeyr. M. Souchet, de Fontainebleau, obtint le grand prix (médaille d'or de 300 francs) offert par l'Impératrice, pour ses semis de Glaïeuls.

1854

La cinquième Exposition a été ouverte à Melun, du 23 au 25 juin 1854, dans les jardins de Tivoli. Pour payer une partie des frais, une loterie à 0 fr. 50 le billet avait été organisée par la Commission.

L'Exposition d'automne, la sixième, a été organisée à Fontainebleau. Des premiers grands prix ont été décernés à MM. Morlet, pépiniériste à Avon; Paulin Leveau, jardinier à Fontainebleau. Un prix d'excellence, médaille d'or donnée par l'Impératrice, est décerné par le bureau à celui des concurrents qui, pendant les trois années qui viennent de s'écouler, 1852, 1853 et 1854, a obtenu le plus de premiers prix. Le lauréat a été M. Pageot, jardinier à Ecoublay.

1855

A l'Exposition du 23 juin, M. Vazou, jardinier à Sivry, obtient le prix d'honneur, médaille d'or du ministre, pour un lot superbe de plantes fleuries. M. Cochet, rosiériste à Suisnes, exposait des Roses et des Pivoines. C'est M. de Bourgoing, préfet, qui présida la distribution des récompenses. Cette Exposition fut la septième organisée par la Société.

Deux mois après, la huitième Exposition ouvrait ses portes à Fontainebleau. Le prix d'honneur, médaille d'or de l'Impératrice, a récompensé les Roses de semis de M. Cochet, de Suisnes. Une grande médaille d'argent a été décernée à M. Paulin Leveau, maraîcher, pour un lot remarquable de légumes.

A la fin de l'année, le registre de contrôle accuse 358 sociétaires, dont 37 dames patronnesses.

1856

28 septembre. — Séance solennelle sous la présidence de M. de Bourgoing, préfet, assisté de M. le vicomte de Valmeyr, président de la Société ; de M. Débonnaire de Gif, maire de Fontainebleau ; de M. Journeil, adjoint au maire de Melun ; de M. le marquis de Bethisy, maire de Mormant. Après un discours de M. Freteau de Pény, vice-président, M. Lefèvre, secrétaire général, rendit compte des travaux de la Société, puis M. Rose Charmeux lut son rapport sur les visites de jardins. Il y en eut cette année 16 : chez M. de Fraguier, M. de Ségur, M. le prince de Beauveau, M. Paulin Leveau, etc... Il fut ensuite procédé à la distribution des récompenses aux lauréats de la neuvième Exposition organisée à Melun, le 26 septembre.

1857

Au mois de mai 1857, une très importante Exposition a été organisée à Melun, à l'occasion des assises du concours régional tenu dans cette ville. La Commission d'organisation voulut faire grand. Au point de vue horticole, l'Exposition a bien réussi, mais au point de vue financier, l'opération fut détestable. Il en résulta un déficit considérable qui nuisit beaucoup au développement de la Société.

1858

A la réunion du 16 février, il est donné lecture d'une lettre de M. le général de Polignac, vice-président, qui demande, au nom des sociétaires de Fontainebleau, qu'il soit décidé de faire, au mois de mai, une Exposition dans cette ville. M. le Président fait observer que la situation financière de la Société ne lui permet pas d'engager de nouvelles dépenses. Il est alors décidé de ne pas faire d'Exposition en 1858.

A la séance d'octobre, il est communiqué un rapport sur les jardins de M. Forest, arboriculteur à Montmartre, près Paris.

1859

L'Exposition de printemps a été ouverte à Fontainebleau, le 20 mai, dans le parc du Palais.

L'Exposition d'automne a été organisée à Melun. Le grand prix (médaille d'or de l'Impératrice) a été décerné à M. Vazou, de Sivry. MM. Martine, Morlet, Cochet et Leveau étaient au nombre des lauréats.

Les temps difficiles sont venus. Il est décidé, à la séance du 9 octobre, de porter momentanément le chiffre de la cotisation de 6 à 8 francs, d'adjoindre au secrétaire général un secrétaire-adjoint salarié, et de créer des coupons de 24 francs, qui seraient reçus à la caisse de la Société comme paiement anticipé des cotisations.

1860

A la séance du 15 février, M. Vuitry, de Saint-Donain, dépose une très intéressante note sur la pomme de terre Blanchard. Cette variété est présentée par M. de Vilmorin dans les nouveautés de l'*Almanach du Bon Jardinier* de 1860. Elle provient d'un semis fait en 1848 par M. Blanchard, garde à Preuilly. M. Vuitry, qui a cultivé cette pomme de terre à Saint-Donain, rend compte des résultats favorables qu'il a obtenus.

A l'Exposition d'automne de 1860, la médaille de l'Impératrice (prix d'honneur) fut donnée à M. Foucher, jardinier chez M. le prince de Beauveau, et la médaille des Dames patronnesses, à M. Narcis, jardinier chez M. le marquis d'Evry. Le premier exposait un lot de légumes et le second des fruits.

1861

13e Exposition, 15, 16 et 17 juin 1861.

L'Exposition a été installée à l'entrée du parc du palais de Fontainebleau. M. Rose Charmeux a obtenu la médaille d'or de l'Empereur, pour ses raisins et fruits forcés. A M. Martine fut décernée la médaille de l'Impératrice, pour ses Pelargoniums et ses Fuchsias. M. Gloëde, l'habile semeur, propriétaire aux Sablons, exposait des Fraises colossales. M. Granger, rosiériste à Suisnes, présentait de magnifiques Roses de semis.

La présence de la Cour, à Fontainebleau, a ajouté un attrait particulier à cette fête horticole. Les souverains ont visité l'Exposition pendant les opérations du jury et ont ajouté une nouvelle grande médaille d'or à la liste déjà dressée.

La distribution des récompenses a eu lieu près de la tente, sous les ombrages du parc, sous la présidence de M. le baron de Lassus Saint-Geniès, préfet, qui avait à ses côtés M. de Valmeyr, président de la Société; M. de Polignac, vice-président; M. le baron de Beauverger, député, et toutes les notabilités de la ville.

1862

Exposition tenue les 27, 28 et 29 mai, à Melun.

La tente était dressée dans le jardin de l'hôtel de ville. Le prix d'honneur est échu à M. Guenoux, de

Voisenon, pour des Dahlias de semis. De beaux légumes de primeur étaient exposés par M. Chéron, jardinier chez M. le comte Clary. MM. Cochet, de Suisnes, avaient apporté des Rhododendrons, des Roses et des Pivoines. M. le baron de Lassus Saint-Geniès, préfet, a présidé la distribution des récompenses.

Le 22 juin, le bureau de la Société a été reçu, au Palais de Fontainebleau, par l'empereur Napoléon III. Il a été offert une corbeille fleurie au souverain, au cours de cette visite.

La séance du 9 novembre était présidée par M. le Préfet, qui exposa à l'assemblée l'objet de la réunion. Il s'agissait de décider, si, à l'époque du concours régional, il y aurait une Exposition d'horticulture départementale. Après discussion, cette question fut renvoyée à l'examen d'une commission qui fixa au 23 novembre la date de sa réunion chez M. de Valmeyr, rue Saint-Guillaume, à Paris.

Cette Commission s'est réunie au jour dit. Elle se composait de délégués des Sociétés de Coulommiers, de Meaux et de Melun-Fontainebleau. (Un des membres présents, M. Delamarre, est toujours secrétaire de la Société de Coulommiers). Il a été décidé la participation des trois Sociétés à l'organisation d'une Exposition horticole, accompagnant le concours régional, quelle que soit la ville où ce concours aurait lieu en 1864.

1863

Exposition des 11, 12, 13, 14 et 15 juin 1863.

L'Exposition a été, comme en 1861, organisée à l'entrée du parc de Fontainebleau. C'est à M. Vazou, jardinier à Sivry, qu'a été décerné le prix d'honneur, pour des Pelargoniums et des fruits forcés. Une médaille d'or du ministre de l'Agriculture fut attribuée à M. Cochet (Scipion), de Suisnes, pour un lot de Roses. A citer spécialement un beau lot d'Ananas, provenant du château de Belle-Fontaine, appartenant au prince Troubetzkoï.

M. Moret avait une remarquable collection d'Iris. MM. Martine et Vigné, des Fuchsias.

Le jour de l'ouverture de l'Exposition, l'Empereur, l'Impératrice, le Prince Impérial, accompagnés de plusieurs ministres : MM. Drouin de Lhuys, Fould, le maréchal Vaillant, Baroche et de Persigny, ont été reçus à l'entrée de la tente par M. le Préfet et les membres du Bureau. Un bouquet a été offert à l'Impératrice. La distribution des récompenses a eu lieu le 15 juin, sous la présidence de M. de Valmeyr.

Le Congrès pomologique de France s'est ouvert le 1er octobre à Rouen. La Société y a fait figurer un lot collectif de fruits de saison. Cet apport a été récompensé par une médaille d'argent, grand module.

La même année, le 22 novembre 1863, à la réunion de Melun, après des discussions assez vives, les membres présents procédèrent au renouvellement du Bureau. M. le baron de Beauverger fut élu président aux lieu et place de M. de Valmeyr, et M. Camille Bernardin secrétaire général contre M. Lefèvre. Les autres membres furent réélus.

1864

Le Concours régional a eu lieu à Melun. A cette occasion, la Société avait organisé, de concert avec les Sociétés de Meaux et de Coulommiers, une grande exposition horticole du 18 au 23 mai. Les prix d'honneur ont été obtenus par MM. Morlet, d'Avon (Conifères, Rhododendrons, Azalées) ; Chéron, jardinier à La Grange (légumes); Lesseur, maraîcher à Lagny (légumes) ; Cochet, pépiniériste à Suisnes (plantes de serre, Rhododendrons) ; Rose Charmeux, de Thomery (Raisins forcés et conservés).

La distribution des récompenses a été faite le 20 mai, sous la présidence de M. le baron de Beauverger. A la fin de son discours, l'honorable président a annoncé qu'il apportait, au nom du ministre de l'Agriculture, une grande médaille d'or destinée à M. de Valmeyr, président honoraire et premier organisateur de la Société. M. de Valmeyr, profondément touché, a vivement remercié.

Le 12 juin, une députation de la Société d'horticulture a été reçue, au palais de Fontainebleau, par l'Empereur et l'Impératrice. Une magnifique corbeille composée des Roses les plus variées et de beaux fruits de primeur a été offerte à la souveraine.

A la séance du 18 septembre, à Melun, il avait été organisé un concours de fruits. Une sélection fut faite parmi les pommes et les poires exposées pour composer un lot collectif destiné au Congrès pomologique de Nantes. MM. Cochet et Charmeux représentaient la Société à ce Congrès. Le lot collectif a été récompensé, à Nantes, par une médaille d'or du ministre de l'Agriculture.

A la séance du 9 octobre 1864 a été adopté un nouveau règlement des finances. Il y a été donné lecture de l'intéressant rapport de M. Rose Charmeux, sur le Congrès pomologique de Nantes. Il renferme une description d'un système de classification du pêcher, par M. Buisson, de Grenoble.

1865

A la réunion du 12 février, à Melun, il est décidé que la Société organisera, chaque année, une Exposition automnale des productions fruitières de la région. M. Bernardin lit un rapport historique et statistique sur la culture des Rosiers dans 13 communes environnant Brie-Comte-Robert. Ce long travail permit de constater que 89 rosiéristes possédaient, en 1864, un million trente-trois mille quatre cent pieds de Rosiers.

L'Assemblée décida que des démarches seraient faites pour demander que le Congrès pomologique de France se tînt à Melun en 1866.

Du 11 au 15 juin a été ouverte, à Fontainebleau, l'Exposition de printemps. On retrouve, dans la liste des lauréats, les triomphateurs habituels : MM. Cochet (médaille d'or de l'Impératrice), 317 variétés de Roses; Morlet, d'Avon (Iris, Fougères, Pivoines); Charmeux (Raisins et Pêches forcées); Martine (Bégonias); Gloede (Fraises), etc.

Une Exposition spéciale de Roses, organisée en dehors de la Société, mais avec son patronage, a eu lieu à Brie, les 9 et 10 juillet 1865. Le rapporteur cite le nombre des fleurs coupées exposées : soixante-trois mille cinq cent neuf!... Deux gains nouveaux y ont été présentés : l'Exposition de Brie-Comte-Robert (obtenteur M. Granger, de Suisnes), et Camille Bernardin, issu d'un semis du général Jacqueminot (obtenu par M. Gautreau, de Brie).

Les 2 et 3 septembre, dans le but de faire participer la Société au Congrès Pomologique de Dijon, une Exposition fruitière a été ouverte à Melun. C'est M. Cochet, de Suisnes, qui a obtenu le 1er prix (médaille d'or), pour un très bel apport de fruits.

Le lot collectif présenté à Dijon, par MM. Cochet et Charmeux, délégués, a été récompensé par une grande médaille de vermeil.

A la séance du 8 octobre, M. Camille Bernardin a déposé un rapport sur les visites qu'il avait faites au mois d'août, dans les jardins et parcs royaux d'Angleterre, dans les principaux établissements d'horticulture anglais et dans les jardins de la Société d'horticulture de Londres.

1866

A la séance du 6 mai, tenue à Fontainebleau, il a été donné communication d'une offre de greffons de 255 variétés de poiriers, 25 de pêchers et 12 variétés de brugnons. Cette offre généreuse était faite par le Muséum d'histoire naturelle de Paris. La liste de ces variétés, publiée au Bulletin, renferme à peine un tiers des fruits connus et cultivés aujourd'hui ; en revanche la plupart des autres fruits, poire d'Abondance, d'Amiselle, d'Ange, d'Angora, Aurate de Baratte, Bassin, etc., etc., sont à présent absolument délaissés.

Cette année, la Société des rosiéristes de Brie a organisé une belle Exposition, les 8 et 9 juillet. Comme l'année précédente, plusieurs médailles avaient été accordées par la Société d'horticulture de Melun-Fontainebleau.

M. Camille Bernardin, délégué avec MM. Alfroy, Cochet, Gloëde et Morlet, à l'Exposition d'horticulture de Londres et au Congrès international de botanique qui se tenait en même temps, déposent, à la séance du 22 juillet, un rapport extrêmement intéressant sur ces grandes assises horticoles.

M. E. Bourges, délégué à l'Exposition de Rouen, rendit compte de sa mission et proposa, qu'à l'imitation de ce qui se passait à Rouen, à Saint-Germain, à Meaux, d'offrir aux jurés qui voulaient bien juger le mérite des produits exposés par les sociétaires, un jeton de présence frappé au coin de la Société.

1867

A la séance du 12 mars, à Fontainebleau, il est annoncé que le Ministre de l'Agriculture et du Commerce, sur la demande de M. le baron de Beauverger, a envoyé 50 volumes pour la bibliothèque. La subvention extraordinaire accordée à la Société a été, cette année, de 800 francs.

Le 16 juin, M. le Secrétaire général rendit compte de l'Exposition horticole d'Amiens et termina son travail par quelques notes particulières sur les immenses cultures maraîchères qui entourent la ville d'Amiens, et qu'on nomme en Picardie : hortillonnage.

Chaque mois, M. Bernardin fait un rapport très détaillé sur la partie horticole de l'Exposition universelle de Paris, dans lequel il fait ressortir les brillants succès remportés par les horticulteurs de Seine-et-Marne. Parmi les lauréats se trouvent : MM. Cochet, de Suisnes; Charmeux, de Thomery; Alfroy-Neveu, de Lieusaint; Granger, de Grisy; Gautreau, de Brie; Souchet, de Fontainebleau; Bagneau, de Vaux; Guenoux, de Voisenon; Morlet, d'Avon; Lesseur, de Lagny. La Société d'horticulture de Melun et Fontainebleau, qui avait exposé un lot de 90 variétés de poires, 29 de pommes et 5 de prunes, a obtenu un 3e prix.

Cette année, la troisième Exposition, organisée par les rosiéristes de Brie, avec l'appui bienveillant de notre Société, a été très brillante. Cette exhibition a dépassé de beaucoup les précédentes sous le rapport de la richesse des collections exposées sous plusieurs tentes qui abritaient 82,000 roses.

Trois gains nouveaux y ont été fort admirés : Clémence Raoux (obtenteur Granger), Ed. Morren (obtenteur Granger), et vicomtesse de Vesins (obtenteur Gautreau père).

Le jury que l'on pouvait, à juste titre, qualifier d'international, était composé des rosiéristes les plus distingués de l'Angleterre, de la Prusse, de l'Amérique et de la France. C'étaient MM. Ch. Lee, d'Hammersmith; Haage, d'Erfuth; Dickinson, de New-York; Ch. Coërs, de Lunen; Mosenthin, de Leipzig; Marest, de Montrouge; Paillet, de Châtenay; Fontaine, de

Châtillon. Parmi les lauréats, fort nombreux, se trouvaient au premier rang : MM. Granger, Cochet, Céchet, Gautreau, Motteau, Dubois, Jouas. A l'issue de l'Exposition, une délégation a été envoyée à Paris, aux Tuileries. A cette occasion, une splendide corbeille de 3,000 roses a été offerte à l'Impératrice.

1868

A la réunion du 19 avril, à Melun, les membres présents décident qu'une pétition sera adressée au Ministre de l'agriculture, dans le but de rendre le hannetonnage obligatoire.

La dix-neuvième Exposition a été ouverte à Nemours, les 24 et 25 juin, au Champ de Mars.

La médaille d'or de l'Impératrice a été décernée à M. Houy, horticulteur à Nemours. Les deux médailles d'or du Ministre de l'agriculture ont été données, l'une à M. Cochet, de Suisnes, et l'autre à M. Ménard, de Melun. D'autres médailles d'or ont récompensé les apports de MM. Morlet, d'Avon; Tellière, jardinier à Lorrez-le-Bocage; Gautreau, rosiériste à Brie, et Charmeux, de Thomery.

Cette Exposition, fort réussie, contenait de beaux massifs de plantes de serre chaude, un lot de 120 variétés de Fougères (M. Morlet), des Pêches et des Raisins forcés, des pommes Reinette de Canada bien conservées, plusieurs apports d'Asperges. Douze rosiéristes avaient pris part aux concours de Roses coupées.

1869

A la séance du 14 mars, à Fontainebleau, il est décidé de faire, cette année, une Exposition à Montereau. La municipalité de cette ville offrait un terrain et une subvention de 500 francs.

Cette Exposition a eu lieu du 23 au 27 juin, avec tout le succès désirable. Le jury était présidé par M. Allard, secrétaire général de la Société d'horticulture de Tournai (Belgique).

Le grand prix (médaille d'or de l'Impératrice), a été décerné à M. Morlet. Des médailles d'or ont été données à MM. Paupardin Alexandre, Cochet, Bergeron, Médard-Piron, Gautreau, etc. La distribution des récompenses était présidée par M. le baron de Beauverger, assisté du Préfet et du Sous-Préfet, de M. Lebeuf de Montgermont, maire de Montereau, de M. de Choiseul, député, de conseillers généraux, d'arrondissement et des notabilités de la ville. Pendant les quatre journées de cette fête horticole, on a constaté plus de dix mille entrées à l'Exposition. La ville tout entière s'était associée de la manière la plus sympathique et la plus cordiale aux efforts des organisateurs. La fête s'est terminée par un banquet improvisé par les lauréats, dans le jardin de l'Exposition ; on y a dégusté toutes les variétés de légumes et de fruits. C'est là l'origine du déjeuner traditionnel dit « de la soupe aux choux » qui réunit encore aujourd'hui tous les exposants, le jour de l'enlèvement des produits exposés.

Les 1er et 2 août, avec le patronage de notre Société, une exposition horticole coïncidant avec la fête patronale, a été ouverte à Melun. Les principales récompenses ont été décernées à MM. Ménard, Vazou, Gautreau et Jouas.

Les 28 et 29 août, à l'occasion de la Saint-Louis, avec l'appui de la municipalité et de la Société d'horticulture, une autre Exposition a été organisée à Fontainebleau. Les organisateurs, qui exposaient hors concours, étaient MM. Neuman, Morlet et Martine. C'est la Société de Saint-Fiacre, de Dammarie-lès-Lys, qui a obtenu le premier prix pour un lot collectif de légumes.

Le 5 septembre a eu lieu à Melun l'Exposition spéciale de fruits. Après l'attribution des récompenses, il a été fait un choix dans tous les lots exposés, et une collection de fruits, comprenant 178 variétés, a été formée et envoyée à l'Exposition internationale de Tournai. Cette collection a été récompensée par le jury qui lui a attribué une médaille de vermeil. A cette exposition de Tournai, les rosiéristes de Brie, amenés en corps par M. Bernardin, avaient obtenu un grand prix d'honneur, la médaille d'or de la Reine des Belges.

1870

Cette année, les 5 et 6 juin, dimanche et lundi de la Pentecôte, une Exposition a été organisée à Fontainebleau, place Centrale. Le jardin de l'Exposition avait été dessiné par M. Neuman, jardinier-chef du Palais. La médaille d'or de l'Impératrice a été décernée à M. Vazou, jardinier-chef à Sivry, pour une magnifique collection de Pelargoniums. M. Morlet, d'Avon, M. Paupardin, M. Bergeron, M. Martine, se trouvaient parmi les principaux lauréats. Cinq mille visiteurs sont venus admirer cette exhibition florale.

Le 14 août, à la réunion de Fontainebleau, il a été voté une somme de cent francs pour la souscription nationale organisée en faveur des soldats blessés, et une pareille somme de cent francs pour les veuves et orphelins de la guerre.

De tristes jours sont arrivés pour la France. La campagne de 1870, avec ses désastres, bouleverse tout le pays. Les séances de la Société d'horticulture sont suspendues jusqu'au 5 novembre 1871.

1871

La séance du 5 novembre, à Melun, a été présidée par M. Journeil, qui a donné lecture d'une lettre de

M. le baron de Beauverger, offrant sa démission de Président de la Société. L'Assemblée consultée a voté, à l'unanimité, la non acceptation de cette démission, et M. Courtois, vice-président, a été chargé de notifier cette décision à M. de Beauverger.

Sur la proposition du Bureau, l'Assemblée décide qu'en raison de l'occupation du département pendant une année par l'armée ennemie, temps pendant lequel tous les travaux de la Société ont été suspendus, les sociétaires n'auront à payer qu'une seule et unique cotisation pour les années réunies de 1870 et de 1871.

1872

Le 11 février, à Melun, il est décidé qu'une somme de 250 francs sera versée, au nom de la Société, pour la souscription en faveur de la délivrance du territoire.

A l'occasion du Concours régional, une Exposition d'horticulture a été ouverte par les soins de la Société dans le jardin de l'hôtel de ville de Melun, les 26, 27 et 28 juillet 1872. Le grand prix est échu à M. Morlet; la médaille d'or du département, à M. Ménard; la médaille d'or de la ville de Melun, à la Société de Saint-Fiacre; la médaille d'or de M. le baron de Beauverger, à M. Adrien Vazou, à Sivry.

La distribution des récompenses a eu lieu le 27 juillet, sous la présidence de M. Foucher de Careil, préfet de Seine-et-Marne, assisté de M. le baron de Beauverger et du Bureau tout entier. M. le Préfet, dans un discours très applaudi, a fait l'éloge du culte des fleurs et de l'amour des jardins, qui se peut allier aux plus nobles sentiments de patriotisme, et il a cité l'exemple de la Hollande : « Ce peuple qui poussait la passion des fleurs jusqu'à la folie, qui se serait ruiné pour une variété de Jacinthe, qui mettait une fortune dans un oignon de tulipe, ce peuple-là sut ravir à la mer une partie de ses rivages, se créer un territoire contre elle, et, dans un de ces jours de désespoir que nous avons connus, en face de l'ennemi envahisseur, il eut le courage d'inonder ce sol qu'il avait conquis et de déchaîner l'Océan dont il avait fait son esclave. »

Après lui, M. de Beauverger, dans une allocution bien venue, a félicité les organisateurs et remercié les donateurs. Il a fait l'éloge et déploré la perte du président honoraire de la Société, son fondateur, M. de Valmeyr, et celle de M. de Polignac, vice-président, tous deux récemment décédés.

1873

Il a été décidé de faire, à l'avenir, des réunions à Nemours, à Montereau et à Brie.

A la séance du 13 juillet, tenue à Montereau, M. Rose Charmeux a annoncé à l'assemblée la mort de M. de Beauverger, président de la Société, et exprimé tous les regrets que cette fin prématurée a causés.

Le 17 août, à Melun, il a été donné connaissance d'un extrait du testament du Président décédé, qui avait légué 500 francs à la Société.

L'Exposition eut lieu cette année à Brie-Comte-Robert, les 14 et 15 septembre. Malgré l'inclémence du temps, elle a été fort réussie. Les grands prix d'honneur ont été décernés à M. Cochet, de Suisnes; à M. Fauquet, de Corbeil ; à M. Meunier, jardinier à La Grange ; à M. Céchet, rosiériste à Brie. Le jury se composait de trente membres et était divisé en six sections : floriculture, roses, fruits, légumes, arts et industrie, apiculture. Parmi les notabilités horticoles qui en faisaient partie, on peut citer : MM. le docteur Robert Hogg, de Londres ; Soupert, rosiériste à Luxembourg ; Marc, de New-York ; C. Peach, de Londres;

Truffaut, de Versailles; Lacharme, de Lyon; Bergman, de Ferrières.

Il y avait 103 exposants, chiffre le plus élevé qu'aient jamais atteint nos Expositions. La distribution des récompenses a été présidée par le préfet, M. Guyot de Villeneuve, assisté de toutes les notabilités de la région.

A la réunion de Melun, M. Bernardin rendit compte de l'Exposition de Spa. Les rosiéristes de Brie y ont obtenu, pour un lot collectif, un grand prix d'honneur. M. Gautreau, de Brie, M. Piron, de Suisnes, ont aussi remporté des médailles. Un premier prix a été attribué à M. Gautreau, pour un semis inédit : la rose Souvenir de Spa.

1874

Les élections ont eu lieu le 12 avril, pour nommer un président. M. Rose Charmeux fut élu par 81 voix contre 47 à M. Journeil.

C'est à Nemours, au Champ de Mars, que la Société dressa les tentes de sa vingt-quatrième Exposition. Les grands prix d'honneur ont été attribués à MM. Tellière, jardinier chez M. de Ségur, et J. Louis, jardinier chez M. le marquis de Paris. La distribution des récompenses a eu lieu le 24 juin, dans le jardin du Casino, sous la présidence de M. Guyot de Villeneuve, préfet de Seine-et-Marne.

A la séance du 9 août, à Melun, il a été donné communication des rapports de M. Bernardin, sur les Expositions de Liège et de Spa (Belgique). Les rosiéristes de Brie marchaient de succès en succès. Ils obtinrent à Liège, avec M. Gautreau, le grand prix du Roi, et avec M. Cochet Scipion, le grand prix des Dames patronnesses. Parmi les autres lauréats rosiéristes, on remarquait encore M. Aubin Cochet, M. Jouas,

M. David et M. Guérin. M. Ausseur-Sertier, de Lieusaint, et M. Charmeux, de Thomery, président de notre Société, obtinrent aussi deux médailles.

1875

La vingt-cinquième Exposition a été organisée à Fontainebleau, sur la place d'Armes, les 22, 23 et 24 mai. Le grand prix d'honneur, consistant en une coupe en argent offerte par la ville de Fontainebleau, a été décerné à M. Morlet. Les prix d'honneur, médailles d'or, ont été attribués à MM. Vernatier, de Nemours ; Balochard, de Farcy ; Boyer, de Gambais, et Louis, de La Brosse-Montceaux.

A l'occasion de cette Exposition, une grande médaille d'or fut offerte à M. Camille Bernardin, comme récompense honorifique pour le zèle et l'activité qu'il a toujours déployés pour la Société. Une grande médaille de vermeil a été aussi décernée à M. Godin, trésorier général, en reconnaissance de son dévouement aux intérêts de notre association.

A la séance du 11 juillet, a été votée une souscription de 100 francs, en faveur des inondés du Midi.

1876

C'est à Melun, sur la place Praslin, qu'a été ouverte, les 9, 10 et 11 septembre, la 26e Exposition. Le grand prix d'honneur a été enlevé par M. Ménard, horticulteur à Melun. Les autres prix d'honneur échurent à MM. Morlet, d'Avon; Lefèvre, jardinier à Chaumes; Lignot, jardinier à Cannes; Lamiral, de Mormant; Poulin, rosiériste à Cerçay; Gardier, glaïeuliste à Fontainebleau; Hervillard, de Dammarie, et Balochard, pépiniériste à Farcy.

La distribution des récompenses fut présidée par

M. Mahou, préfet, assisté de M. de Jouvencel, sous-préfet de Fontainebleau; de M. Bancel, maire de Melun; de M. Rose Charmeux, président de la Société, etc.

Le prix de moralité et d'anciens services qui, depuis de nombreuses années, avait été offert à chaque Exposition par M. le marquis de Béthisy, fut donné, cette année pour la première fois, aux frais de la Société. Il a été décerné, sous forme de médaille d'argent, à M. Bauer, jardinier depuis 21 ans, au château de La Barre.

A la réunion du 15 octobre, tenue à Fontainebleau, il a été décidé de faire paraître régulièrement un bulletin trimestriel.

A la séance du 12 novembre, à Melun, parmi les nouveaux sociétaires admis, il en est un que je ne puis m'empêcher de citer : M. le marquis de Paris, notre si dévoué président actuel.

Madame Abel Laurent, dame patronnesse, offre de fonder un prix consistant en une médaille de vermeil, grand module, qui sera décerné comme prix de moralité et d'anciens services.

1877

Il a été décidé, à la réunion du 11 février, de faire paraître des annonces dans les bulletins de la Société. Cette décision n'a pas été suivie d'effet.

C'est à Montereau, le 24 juin, qu'a été organisée la 27e Exposition. L'objet d'art, offert par le Président de la République, a été décerné à M. Louis, jardinier chez M. le marquis de Paris. Un second objet d'art, offert par le Ministre de l'agriculture, est échu à M. Morlet, d'Avon. Parmi les autres exposants, on remarquait, MM. Balochard, Paupardin, Bergeron, titulaires de médailles d'or.

M. le marquis de Paris a été le principal organisateur de cette exposition particulièrement réussie. Chose curieuse à noter, les dons de médailles avaient été si abondants que plus de trente récompenses offertes, parmi lesquelles 5 médailles d'or, n'ont pu être décernées. La distribution des prix eut lieu sous la présidence de M. Mahou, préfet de Seine-et-Marne.

1878

A la séance du 14 avril, lecture a été donnée d'une lettre de Me Besnard, notaire à Montereau, informant que M. le comte de Lyonne a légué par testament, à la Société d'horticulture de Melun-Fontainebleau, dont il était membre, une somme de mille francs. Ce legs a été accepté, et l'expression de la reconnaissance de la Société adressée à la famille de Lyonne.

C'est l'année de l'Exposition universelle de Paris, aussi a-t-il été décidé de ne pas faire d'Exposition régionale.

MM. Lebrun et Camille Bernardin, spécialement délégués, ont fait sur les concours temporaires du Champ-de-Mars des comptes rendus remplis d'intérêt.

Parmi les membres de la Société qui se sont spécialement fait remarquer à l'Exposition universelle, on peut citer le président, M. Rose Charmeux; M. Morlet, d'Avon; Souilliard, de Fontainebleau; Torcy, de Melun; Salomon, de Thomery; Ausseur, de Lieusaint.

1879

A la réunion du 20 avril, il a été décidé que le montant du legs fait à la Société par M. le comte de Lyonne, serait placé au nom de la Société, et qu'à chaque Exposition, une médaille de vermeil grand module, serait décernée en mémoire du donateur.

C'est à Brie-Comte-Robert, les 6, 7 et 8 septembre,

que s'est ouverte la 28e Exposition. La Commission d'organisation avait voulu faire grand. Elle comptait sur une grande affluence de visiteurs pour réaliser de belles recettes. Malheureusement, le temps a été déplorable. La recette escomptée ne se fit pas et, financièrement, cette Exposition fut un désastre. Le règlement des dépenses pesa lourdement sur les années qui suivirent.

1880

Les premières séances sont remplies de discussions sur le compte rendu financier de l'Exposition de Brie. Les dépenses considérables qui ont été faites ont produit un déficit dans la caisse sociale. Il reste à payer 625 francs sur les ressources de 1880.

Il est décidé qu'à l'avenir un maximum de dépenses sera assigné à chaque commission d'Exposition.

A la réunion du 11 avril, a été présenté le géranium Mme Salleron, obtenu par M. Mahieu, jardinier au Mée.

A l'occasion du concours régional, une Exposition industrielle a eu lieu à Melun. C'est dans le jardin de cette exhibition que s'est tenue la séance du 8 août. Les apports, sur le bureau, constituaient un véritable concours horticole. Il y avait 42 exposants. Les récompenses ont été offertes par la direction de l'Exposition industrielle. MM. Ménard, horticulteur, et Torcy, grainier à Melun, ont remporté chacun une grande médaille d'or.

Le déficit causé par l'Exposition de 1879 a causé un grand mécontentement parmi les sociétaires de l'arrondissement de Fontainebleau, notamment ceux de Nemours. A la réunion du 26 septembre, tenue dans cette dernière ville, une proposition de séparation des deux arrondissements de Melun et de Fontainebleau, a été votée par l'unanimité de l'assemblée. A la réunion du 14 novembre, il est communiqué une motion, signée de trente-huit sociétaires nemouriens, qui demandent formellement la séparation et déclarent donner leur démission si cette séparation n'est pas faite avant la fin de l'année. L'assemblée prie M. Huot, vice-président de Nemours, de vouloir bien user de son influence sur ses collègues nemouriens, pour les engager à renoncer à leur projet.

Le 12 décembre eurent lieu les élections pour le renouvellement du bureau. M. le marquis de Paris fut élu président de la Société.

1881

La vingt-neuvième Exposition s'est tenue cette année à Nemours, les 23, 24 et 25 juin, sur le Champ-de-Mars. Les principaux lauréats ont été : MM. Morlet, d'Avon (médaille d'or du Ministre); M. Thibault, jardinier à Chancepoix, chez M. Ouvré; M. Bach, jardinier au château de Courances; M. Louis, jardinier chez M. le marquis de Paris; M. Hézard, horticulteur à Fontainebleau ; M. Balochard, pépiniériste à Farcy; M. Plaisant, horticulteur à Nemours ; M. Paupardin, jardinier à Ville-Saint-Jacques; M. Binet, jardinier à Ecuelles; M. Torcy, grainier à Melun; M. Moulin, maraîcher à Nemours, tous titulaires de médailles d'or. La distribution des récompenses eut lieu au Casino, sous la présidence du Sous-Préfet, assisté de MM. le marquis de Paris; Roux, maire de Nemours; Dethomas et Plessier, députés, et de nombreuses notabilités, conseillers généraux et maires de la région.

1882

La 30e Exposition a été ouverte à Melun du 8 au 11 septembre. La tente se dressait sous les marronniers du quai d'Almont. Les récompenses ont été distribuées sous la présidence de M. Patinot, préfet de Seine-et-Marne. Les principaux lauréats étaient : MM. Hézard, horticulteur à Fontainebleau, grand prix d'honneur ; Ménard, horticulteur à Melun ; Cochet, rosiériste à Suisnes ; Louis, jardinier chez M. le marquis de Paris ; Morlet, pépiniériste à Avon ; Balochard, pépiniériste à Farcy ; Torcy, grainier à Melun.

1883

A la séance du 8 avril, à Fontainebleau, un projet d'organisation d'une tombola, dont le produit serait versé dans la caisse de la Société, fut pris en considération. Les démarches nécessaires ont été faites ensuite auprès de M. le Préfet, et l'autorisation a été accordée le 18 du même mois.

Cette année, l'exposition annuelle a été organisée à Fontainebleau, du 25 au 27 août. La tente était dressée sur le terre-plein du Parterre, près du Pavillon de Sully. La distribution des récompenses a été faite sous la présidence de M. Lépine, sous-préfet, assisté de M. le marquis de Paris, de M. Bonneau, maire de Fontainebleau, et du Bureau de la Société. M. Hézard (rappel de prix d'honneur), M. Martine (grande médaille d'or) et M. Louis (grande médaille d'or) tenaient la tête du palmarès. Une médaille de vermeil a été décernée à M. Emile Thomas, trésorier-adjoint, comme récompense du zèle et du dévouement apporté aux intérêts de l'association.

La loterie organisée par la Société a merveilleusement réussi. Les 4.000 billets à 0 fr. 50 ont été rapidement placés. Un grand nombre de lots ont été offerts par de généreux donateurs, et, tous comptes établis, il a pu être versé dans la caisse 1741 fr. 10.

1884

A la réunion du 16 mars, quelques modifications de détail sont apportées aux statuts de la Société. Dans la même séance, M. Scipion Cochet a fait, dans une intéressante causerie, l'historique et la description de plusieurs broméliacés, dont l'une, le Bilbergia variegata, venait d'être reçue, par lui, du Brésil.

Il a été décidé de ne pas faire d'Exposition cette année. Un concours spécial de Chrysanthèmes, réservé aux seuls sociétaires, a été organisé à Melun, le 9 novembre 1884. Neuf concurrents y ont pris part, et ce concours a bien réussi. Les plus beaux lots appartenaient à MM. Hézard, Bezy, Plaisant, Narcisse Six et Cochet, de Suisnes.

1885

L'Exposition, la trente-deuxième organisée par la Société, eut lieu à Nemours, les 23, 24 et 25 juin. Les lauréats, placés en tête du palmarès, étaient : MM. Louis, jardinier chez M. le marquis de Paris (rappel de prix d'honneur), et Etienne Salomon, viticulteur à Thomery, prix d'honneur. Des médailles d'or ont été décernées à M. Vaurin, rosiériste à Coubert ; à M. Plaisant, horticulteur à Nemours ; à M. Gaudoin, jardinier à Saint-Pierre, et à M. Torcy, grainier à Melun. A la distribution des récompenses, présidée par M. Dornois, sous-préfet, on a fait une ovation au lauréat du prix d'anciens services, Hilaire Foucault, jardinier chez M. Trébuchet, à La Genevraye, qui occupait sa place depuis le mois de mai 1835, soit cinquante ans. Une médaille de vermeil grand module, est donnée comme récompense des services rendus à la Société, à M. Robinot, trésorier-adjoint, ancien instituteur à Nemours.

1886

A la séance du 14 février, une commission a été nommée pour étudier les moyens de combattre le phylloxéra, qui étend ses ravages sur plusieurs points de l'arrondissement de Fontainebleau.

Cette année, à Brie-Comte-Robert et à Fontainebleau, M. Chevalier, l'habile horticulteur de Montreuil, a fait deux conférences sur la culture du Pêcher.

Par raison d'économie et afin d'arriver à constituer une réserve, l'usage de faire une Exposition annuelle est momentanément abandonné, et il est décidé, en principe, que ce concours horticole n'aurait lieu que tous les deux ans.

1887

Cette année, la Société a organisé, à l'occasion d'un concours de pompes, une Exposition à Montereau. Elle comprenait 60 exposants.

Le jury était présidé par M. Dybowski, alors maître de conférences à Grignon. Voici, par ordre de mérite, les noms des titulaires de médailles d'or : MM. Vazou, jardinier au château des Moyeux; Balochard, pépiniériste à Farcy; Lacroix, jardinier au château de Forges; Torcy, grainier à Melun; Paupardin, jardinier à Ville-Saint-Jacques; Breuillet, jardinier à Samoreau; Fontaine, jardinier à Courbeton; Robert, jardinier à Gurcy; Bille, jardinier à Villiers; Bézy, horticulteur à Melun. Un grand diplôme d'honneur a été décerné à M. Louis, jardinier au château de La Brosse, exposant hors concours.

Une médaille d'or a été remise, par M. le marquis de Paris au nom de la Société, à M. Bourges, secrétaire général, en raison de ses services désintéressés.

1888

Plusieurs modifications aux statuts, concernant les visites de jardins, sont adoptées, à la séance de février.

A la réunion du 8 avril, pour répondre à une demande du Comité d'organisation des fêtes qui auront lieu à Fontainebleau, à l'occasion du Congrès des Sapeurs-Pompiers, il est décidé qu'une Exposition sera ouverte à Fontainebleau, le 27 juillet. A cette même réunion, M. Bourges communique quelques documents intéressants au point de vue de l'histoire de l'horticulture. Ce sont des lettres provenant des archives de Seine-et-Oise et d'Eure-et-Loir, qui contiennent des indications sur les diverses variétés d'arbres à fruits et des renseignements sur les meilleures variétés de Pommiers à cidre cultivés vers 1720.

A la séance du 27 mai, plusieurs membres font observer que la date choisie pour l'Exposition paraît, pour cette année, prématurée, en raison que toutes les cultures se sont trouvées retardées par les mauvais temps du dernier printemps. En outre, il ne serait pas possible, à cette époque, de compter sur des apports de fruits.

En présence de ces réclamations, l'Assemblée décide de reporter la date de cette Exposition au 25 août, et de la faire coïncider avec la fête patronale.

Installée à l'entrée du Parc du Palais de Fontainebleau, cette exposition a été des mieux réussies. Trois tentes abritaient un jardin de 1.300 mètres carrés où se groupaient les apports de nombreux exposants.

Au cours des opérations du jury, M. le président de la République et Madame Carnot, accompagnés de M. le général Brugère, sont venus visiter l'Exposition. Guidés par M. le marquis de Paris et M. Sainsère, sous-préfet, M. et Madame Carnot ont parcouru en détail tous les massifs et ont hautement témoigné leur satisfaction.

Un bouquet de fleurs rares a été offert par le Président de la Société à Madame Carnot.

C'est à MM. Souillard et Brunelet, glaïeulistes à Fontainebleau, qu'a été donnée la coupe de Sèvres, offerte par le Président de la République.

Venaient ensuite avec de grandes médailles d'or, M. Hézard, horticulteur; M. Paulin Leveau fils, jardinier à Fontainebleau; M. Torcy, grainier à Melun; M. Breuillet, jardinier aux Pressoirs du Roy; puis, avec des médailles d'or, M. Weber, jardinier; Plaisant, horticulteur; Magne-Boué, horticulteur, etc.

Il a été inséré au Bulletin, un extrait de l'intéressante brochure de M. le marquis de Paris sur l'emploi des engrais chimiques.

1889

A la séance de février a été nommée une Commission chargée d'étudier les voies et moyens pour organiser une Exposition collective au nom de la Société, au Concours horticole universel, au Trocadéro, à Paris.

M. Camille Bernardin, pendant l'Exposition universelle, a fourni à la Société, comme il l'avait déjà fait en 1867 et en 1878, les comptes rendus complets, par quinzaine, des concours temporaires horticoles.

Le 29 septembre a eu lieu à Fontainebleau une réunion extraordinaire qui avait pour unique objet de choisir et de classer les produits devant composer le lot collectif à présenter à l'Exposition universelle, le 4 octobre. Des médailles de vermeil et d'argent ont été attribuées aux sociétaires qui avaient fait les plus beaux apports.

Ces médailles ont été distribuées à la réunion du 15 décembre. Avant qu'il soit procédé à l'appel des lauréats, M. Bourges, secrétaire général, après avoir rappelé tout le zèle déployé pendant ses neuf années de présidence, par M. le marquis de Paris, lui a offert au nom de la Société une grande médaille d'or, comme témoignage manifeste de la reconnaissance de tous les sociétaires.

La remise de cette médaille a été saluée par une salve d'applaudissements ; tous les assistants se portèrent vers le bureau pour acclamer et féliciter leur président, qui, très ému, remercia chaleureusement.

Le lot collectif de légumes exposé à Paris, le 4 octobre, a été récompensé par un deuxième prix, et le lot de fruits par un troisième. Un certain nombre de sociétaires se trouvaient parmi les lauréats de l'Exposition universelle. Citons notamment : M. Salomon, viticulteur à Thomery, deux premiers grands prix et une médaille d'or décernée par la Société nationale, au lot le plus méritant de l'arboriculture fruitière.

MM. Souilliard et Brunelet, glaïeulistes, médaille d'or. M. Torcy, grainier, deux médailles d'argent. M. Ausseur-Sertier, pépiniériste, trois médailles de bronze. M. Louis, jardinier, un premier et un deuxième prix. M. François Charmeux, une médaille de bronze.

1890

A la réunion du 9 mars, il a été décidé qu'une grande médaille de vermeil serait décernée à M. Camille Bernardin, en témoignage de gratitude pour les intéressants comptes rendus des concours horticoles du Trocadéro.

L'Exposition a eu lieu cette année à Melun, sur le quai d'Almont, du 5 au 8 septembre. L'objet d'art du Président de la République a été décerné à M. Torcy, grainier à Melun. Les principaux lauréats étaient ensuite : M. Bezy, horticulteur à Melun ; M. Weber, jardinier à Avon ; M. Besnard, jardinier au Mée ; M. Vernier, jardinier à Thomery ; M. Seigle, jardinier à Melun. Deux grands diplômes d'honneur ont été décernés à M. Louis, jardinier chez M. le marquis de Paris, et à M. Balochard, pépiniériste à Farcy, exposants hors concours. Il a été remis à chaque exposant une magnifique coupe aux armes de Melun, fabriquée par la manufacture de faïence de Montereau.

1891

A la réunion du 7 juin, tenue à Montereau, M. le Président a annoncé que les pétitions demandant la libre introduction des vignes américaines ont reçu de la commission supérieure du phylloxera un avis favorable, et que M. le ministre de l'Agriculture a pris un arrêté autorisant le canton à introduire librement les nouveaux plants. Le président engage vivement les sociétaires à greffer les variétés de vignes françaises sur ces sujets américains résistant aux attaques du phylloxera.

Il n'a pas été fait d'exposition générale en 1891.

1892

C'est Nemours qui, cette année, a donné l'hospitalité à la Société pour organiser sa trente-septième Exposition. C'est à l'occasion de la Saint-Jean, du 23 au 26 juin, qu'a été ouvert ce concours très réussi. L'objet d'art du Président de la République, échut à M. Louis, jardinier chez M. le marquis de Paris. Venaient ensuite, avec de grandes médailles d'or : M. Plaisant, horticulteur à Nemours; M. Gaudoin, jardinier à Saint-Pierre; M. Cochet, rosiériste à Suisnes, et M. Pipault, amateur à Nemours. Des diplômes d'honneur ont été décernés à MM. Salomon, de Thomery; Torcy, de Melun, et Vernatier, de Nemours, exposants hors concours.

1893

Le 9 avril, sous le patronage de la Société d'horticulture et de la Société d'encouragement à l'instruction, une conférence publique a été faite au théâtre de Fontainebleau, par M. J. Dybowski, sur son voyage d'exploration dans l'Afrique centrale.

A l'issue de la séance du 14 mai, M. Cochet-Cochet, rosiériste à Coubert, a fait une intéressante causerie sur le Rosier du Kamtschatka.

La trente-huitième Exposition s'est ouverte à Montereau, les 26, 27 et 28 septembre, dans le rond-point des Noues. Le prix d'honneur, grande médaille d'or offerte par M. le marquis de Paris, a été décerné à M. Pierre, jardinier chez M. Henry, à Montereau. M. Bille, jardinier à Villiers; M. Bergeron, jardinier à Montereau; M. Liébaud, pépiniériste à Bourron, avec des médailles d'or, tenaient la tête du palmarès.

Une belle collection de plantes de serre et 150 variétés de Raisins avaient été exposées, hors concours, par M. Louis, jardinier chez M. le marquis de Paris, auquel fut décerné un grand diplôme d'honneur.

1894

A la séance du 8 avril, à Fontainebleau, une conférence sur la culture des asperges a été faite par M. Darbonne, agriculteur à Milly.

La trente-neuvième Exposition a été organisée les 25, 26 et 27 août, sur la pelouse du Pavillon de Sully, à Fontainebleau. C'est à M. Hézard, horticulteur à Fontainebleau, qu'a été décerné le grand prix d'honneur, objet d'art donné par le Président de la République. Des médailles d'or ont récompensé MM. Torcy, grainier à Melun; Weber, jardinier à Avon; Lhermitte, jardinier à Avon; Jouannet, jardinier au château de

Boulains; Perret, jardinier au Prieuré des Basses-Loges; Magne-Boué, horticulteur à Avon.

A la distribution des récompenses, M. le marquis de Paris a rappelé, non sans émotion, l'Exposition de 1888, où la Société avait eu l'honneur de recevoir M. Carnot, le regretté président de la République. Cette année, la même visite avait été promise; malheureusement un crime horrible avait enlevé, deux mois avant l'ouverture de cette Exposition, le chef de l'Etat, qui avait toujours montré pour notre Association tant d'intérêt et de bienveillance.

A la réunion d'octobre, une somme de 100 francs fut votée comme souscription au monument érigé par la Ville de Fontainebleau à la mémoire de M. Carnot.

1895

A la séance du 28 avril, à Fontainebleau, M. Weber, récemment nommé vice-président, remercia l'Assemblée et fit un bel éloge de son prédécesseur, M. Bourges.

M. le marquis de Paris a fait ensuite une conférence sur l'emploi des engrais chimiques en horticulture. Il a clôturé son intéressante causerie en distribuant généreusement aux 150 auditeurs, sa remarquable brochure sur les engrais chimiques.

A la réunion du 22 septembre, lecture a été donnée d'une lettre par laquelle Mme Félix Faure remerciait M. le marquis de Paris, pour une gerbe de fleurs offerte au nom de la Société, lors de l'arrivée du Président de la République au Palais de Fontainebleau.

1896

Cette année, une Exposition d'horticulture a été organisée à Nemours, du 23 au 28 juin. Le grand prix d'honneur, objet d'art offert par le Président de la République, fut décerné à M. Nicol, jardinier chez M. Boulet, à Nemours. Un autre prix d'honneur, objet d'art offert par le Président de la Société, échut à M. Pipault, l'amateur Nemourien. Des médailles d'or ont été attribuées à MM. Baudrier-Duché, maraîcher; Liébaut, pépiniériste à Bourron; Bellanger, jardinier; Hézard, horticulteur; Lasserre, horticulteur; Plaisant, horticulteur. Un grand diplôme d'honneur a été accordé à M. Louis, jardinier chez M. le marquis de Paris. M. Pipault, organisateur de cette Exposition, a reçu, comme récompense, une médaille de vermeil. La distribution des diplômes aux lauréats eut lieu sous la présidence de M. Tallon, sous-préfet de Fontainebleau, le dimanche 28 juin.

1897

M. Duval Clotaire, secrétaire général, a fait à la réunion tenue le 23 mai, à Nemours, une conférence sur les phénomènes successifs de la maturation des fruits et des graines.

Des modifications ont été apportées au règlement intérieur de la Société. Il a été décidé que les membres du Comité de visite qui voudraient concourir, ne pourraient faire partie du jury l'année de la visite de leurs cultures.

1898

Pour sa quarante et unième Exposition, la Société a planté ses tentes à Fontainebleau, à l'occasion d'un concours de musique, les 17, 18 et 19 juin. Le grand prix d'honneur, objet d'art du Président de la République, a été obtenu par M. Louis, jardinier chez M. le marquis de Paris. Un autre grand prix d'honneur, objet d'art offert par le Président de la Société, est échu à M. Hézard, horticulteur à Fontainebleau. Des grandes médailles d'or ont récompensé M. Jouannet, jardinier au château de Boulains ; Liébaut, pépiniériste à Bourron ; Paillet, pépiniériste à Châtenay. La distribution des récompenses était présidée par M. Bret, préfet de Seine-et-Marne, assisté de M. le marquis de Paris, président de la Société ; de M. Thomas, maire de Fontainebleau ; de M. Prevet, sénateur ; de M. Ouvré, député, et de nombreuses notabilités de la ville.

1899

« Les Jardins dans l'Antiquité romaine », tel était le sujet choisi et traité par M. Edon, professeur honoraire du lycée Henri IV, dans la très intéressante conférence qu'il a faite à la réunion du 9 juillet.

Le 3 septembre, à Fontainebleau, M. le marquis de Paris a fait une conférence applaudie, sur l'emploi des engrais en horticulture.

Il n'a pas été organisé d'Exposition en 1899.

1900

A la réunion du 13 mai, à Melun, une causerie pleine d'intérêt a été faite par M. Cochet, horticulteur à Coubert, sur les différentes variétés de Lilas et l'hybridation artificielle.

Le 14 octobre, à Fontainebleau, M. Georges Duval, horticulteur à Lieusaint, a traité, dans une conférence, l'importante question de la déplantation et de la replantation des végétaux ligneux de plein air.

Régulièrement, il aurait dû être fait une Exposition générale en 1900 ; mais à cause des grandes assises horticoles tenues à l'Exposition universelle de Paris, il a été décidé de différer ce projet.

Depuis le 1er janvier de cette année, le bulletin de la Société paraît mensuellement.

1901

La quarante-deuxième Exposition a été organisée, avec un plein succès, à Montereau, à l'occasion de la foire de septembre, du 24 au 26 de ce mois. Le grand prix a été décerné à M. Jouannet, jardinier-chef au château de Boulains. Une grande médaille d'or, avec félicitations du jury, a été remportée par M. G. Duval, horticulteur à Lieusaint. Des médailles d'or ont été attribuées à MM. Louis fils, jardinier à Cannes; Vazou, jardinier chef au château des Moyeux; Paupardin, jardinier à La Brosse-Ville-Saint-Jacques; Albert Comperat, arboriculteur à Samoreau; Charmeux, viticulteur à Thomery. Un grand diplôme d'honneur a été décerné à M. Louis, chef des cultures chez M. le marquis de Paris, exposant hors concours.

1902

A la réunion du 9 février, une conférence a été faite par M. Duval, ingénieur-agronome, sur les porte-greffes des arbres à fruits à pépins.

Pour fêter le cinquantenaire de sa fondation, la Société a tenu, à Fontainebleau, du 23 au 25 août, sa quarante-troisième Exposition. Elle a été tout particulièrement brillante.

C'est M. Balochard, pépiniériste à Farcy-les-Lys, qui a remporté le grand prix d'honneur. Après lui venaient : M. Hézard, horticulteur à Fontainebleau (objet d'art); M. Guillaume, jardinier à l'école normale de Melun (grande médaille d'or); MM. Souilliard et

Brunelet, glaïeulistes (grande médaille d'or); Lhermitte, jardinier à Bel-Ebat (grande médaille d'or).

Le Bulletin n° 96, du mois de septembre, contient pour la première fois deux pages d'annonces.

Les réunions, depuis longtemps interrompues à Brie-Comte-Robert, sont reprises cette année. Le 14 septembre notamment, une conférence a été faite sur l'emploi des engrais chimiques dans la culture du rosier par M. Cochet-Cochet, le dévoué vice-président de la section de Brie.

A la séance du 26 octobre, tenue à Fontainebleau, M. G. Duval, de Lieusaint, a fait une conférence sur la création d'un jardin fruitier pour la spéculation.

1903

Depuis vingt-quatre ans, il n'avait pas été organisé d'Exposition dans la circonscription de Brie-Comte-Robert. Mais grâce au zèle des membres de cette section, parmi lesquels il convient de citer tout particulièrement MM. Charles et Pierre Cochet et M. Desbrosses, un fort contingent de nouveaux sociétaires a été recruté ; aussi a-t-il été décidé de faire cette année, à la fin de l'été, une exposition dans la ville des Roses. Cette fête horticole s'est tenue, les 5, 6 et 7 septembre, avec tout le succès désirable. Le grand prix d'honneur a été attribué à M. Pierre Cochet, rosiériste à Suisnes. Un objet d'art a été décerné à M. Vazou, jardinier-chef au château des Moyeux. Des médailles d'or ont récompensé les beaux apports de M. Vaillant, jardinier à l'Hôtel-Dieu, de Brie ; de M. Adnot, jardinier à Coubert, etc. Un grand diplôme d'honneur et le diplôme de la Société d'horticulture de France ont été donnés à M. Cochet-Cochet, rosiériste à Coubert, vice-président de la Société, exposant hors concours. La distribution des récompenses, à laquelle assistaient le maire de Brie, M. Güggemos; le député, M. Balandreau ; le conseiller général du canton de Brie, M. Brandin, et la plupart des membres du Bureau de la Société, a été présidée par M. le marquis de Paris qui a prononcé une allocution très applaudie.

En fin d'année la Société comptait 270 Membres titulaires et 14 Dames patronnesses. Elle échangeait son Bulletin mensuel avec 72 Sociétés correspondantes.

M. le marquis de Paris, qui préside aux travaux de notre Association depuis 1881, est toujours animé de la même activité, du même dévouement, et le concours de ses collaborateurs lui est plus que jamais acquis.

Peut-être pourrait-on exprimer le regret que le nombre de nos sociétaires n'augmente pas plus rapidement. La multiplicité de sociétés nouvelles, fondées dans la circonscription, gêne certainement le recrutement de nouveaux membres. Certes, chacun a le droit de s'associer suivant ses goûts, mais à ce propos, je ne puis m'empêcher de dire qu'en éparpillant ainsi les forces et les ressources, au lieu de les concentrer, on va contre l'intérêt bien entendu de l'Horticulture.

D'autre part, un certain nombre de nos concitoyens qui pourraient nous aider, sont restés indifférents. Nous espérons, qu'instruits des services rendus, ils comprendront mieux l'utilité de seconder nos efforts.

CONCLUSION

Voici donc la Société parvenue à la fin de sa cinquante-deuxième année. Dans les pages précédentes, nous l'avons toujours vu marcher vers le progrès, souvent au milieu de passages difficiles.

Elle a, depuis sa fondation, organisé quarante-quatre Expositions générales et tenu plus de sept cents séances, dans lesquelles les divers produits horticoles de la région ont été exposés. C'est au sein de ces réunions que se sont fait connaître les Raisins forcés et conservés de Thomery, les Roses de Brie-Comte-Robert, les Glaïeuls de Fontainebleau. On peut suivre dans les comptes rendus de ces Expositions et de ces séances, le reflet de la marche de l'horticulture dans la dernière moitié du XIXe siècle. On y a vu apparaître, au fur et à mesure des introductions, les fruits nouveaux, les arbres et les plantes exotiques. Au cours de ces cinquante ans, on y a remarqué les transformations, les modifications profondes subies par la plupart des plantes d'ornement : Begonias, Cinéraires, Calcéolaires, Dahlias, Œillets, Chrysanthèmes, etc.

Chaque année, il a été attribué des récompenses pour la bonne tenue des jardins. Des médailles ont été décernées aux anciens serviteurs et aux garçons jardiniers méritants. L'enseignement horticole n'a pas été négligé. Des conférences organisées par d'habiles horticulteurs ont vulgarisé les bonnes méthodes de culture.

On peut donc dire, avec justice, que la Société a puissamment contribué à développer, dans la région, le goût de l'Horticulture. Son œuvre, ingénieusement active, ne fut pas stérile.

En présence des résultats obtenus, il convient d'en reporter le mérite sur les hommes dévoués qui ont consacré leur temps, leur énergie, leur savoir et leur expérience au service de notre Association. La plupart sont aujourd'hui disparus : la mort les a successivement touchés de son aile, mais leur souvenir reste vivant. Nous nous inspirerons de leur exemple et nous suivrons résolument la route qu'ils nous ont tracée.

A. Comperat.

Bureau de la Société depuis sa fondation

Fondateur

M. de Magnitot, préfet de Seine-et-Marne.

Présidents d'honneur

MM. les Préfets du département, depuis 1852.

Vice-Présidents d'honneur

MM. les Sous-Préfets de Fontainebleau, depuis 1852.

Présidents honoraires

M. le vicomte de Valmeyr........ de 1864 à 1880
M. Rose Charmeux............. 1881 1899

Vice-Président honoraire

M. Journeil.................. 1881 1893

Secrétaire général honoraire

M. Duval (Clotaire)............ 1899 1903

Trésorier général honoraire

M. Antony Durant............. depuis 1902

Présidents

M. le vicomte de Valmeyr........ 1852 1863
M. le baron de Beauverger...... 1864 1872
M. Rose Charmeux............. 1873 1880
M. le marquis de Paris.......... depuis 1881

Vice-Présidents

M. Héracle Fréteau de Pény..... 1852 1866
M. de Cazes.................. 1854 1856
M. Alfroy-Duguet............. 1854 1860
M. le général comte de Polignac .. 1857 1867
M. de Sansal.................. 1860 1866
M. Rose Charmeux............. 1860 1872
M. Journeil................... 1866 1881
M. Courtois.................. 1866 1874
M. Morlet.................... 1873 1883
M. Huot (de Darvault).......... 1873 1887
M. Camille Bernardin.......... 1875 1894
M. Poyez..................... 1878 1886

M. le marquis DE PARIS..........	1878	1880
M. JOZON.....................	1881	1892
M. HENNECART.................	1881	1884
M. le vicomte AGUADO..........	1881	1890
M. ALEXANDRE GUÉRIN...........	1884	1891
M. le marquis DE FRAGUIER.......	depuis	1887
M. HENRY GRÉAU................	1888	1896
M. BOURGES (Ernest)...........	1892	1894
M. ETIENNE SALOMON............	depuis	1892
M. TORCY	1892	1898
M. COCHET (Scipion)	1895	1896
M. MARTINAUD.................	depuis	1895
M. WEBER (A.)	—	1895
M. BOULET....................	—	1897
M. CHARLES COCHET-COCHET.......	—	1899

Secrétaires généraux

M. LEFÈVRE....................	1852	1863
M. CAMILLE BERNARDIN..........	1864	1874
M. LEBRUN....................	1875	1883
M. BOURGES (E.)...............	1884	1891
M. DUVAL (Clotaire)	1892	1898
M. GAUTHIER..................	1899	1901
M. COMPERAT..................	depuis	1901

Secrétaires

M. LARCHER...................	1852	1853
M. DUSSOY....................	1853	1864
M. DUGUET (A.)................	1853	1854
M. MATIGNON..................	1854	1856
M. LAUGUELLIER................	1858	1859
M. GUÉRIN (A.)................	1859	1862
M. PETIT-HUGUENIN.............	1860	1872
M. BOURGES...................	1864	1883
M. LEBRUN....................	1864	1875
M. ZANOTE (Léon)	1873	1875
M. DAGNEAU...................	1876	1878
M. FUSER.....................	1875	1878
M. JOZON.....................	1875	1878
M. THÉLIC (fils)	1881	1885
M. DURANT (Antony)............	1886	1887

M. Torcy	1885	1891
M. Mahieu	depuis	1892

Trésoriers généraux

M. Moulin	1852	1854
M. Thomas (J.)	1854	1866
M. Godin	1866	1880
M. Rémond	1881	1882
M. Thouin	1882	1883
M. Barbereau	1884	1886
M. Durant (Antony)	1887	1891
M. Barbereau	1892	1896
M. Comperat	1897	1901
M. Leveau (Paulin)	depuis	1902

Archivistes

M. Moulin	1852	1856
M. Dieudonné	1857	1861
M. Godin	1862	1892
M. Thomas (Emile)	1893	1901
M. Weber (J.)	depuis	1902

Secrétaires-Trésoriers adjoints

M. Martin	1854	1855
M. Legrand	1856	1858
M. Dardenne	1857	1863
M. Petit-Huguenin	1859	1860
M. Bardot	1861	1862
M. Robinot	1862	1889
M. Narrau	1864	1868
M. Viandier	1869	1880
M. Cochet (Scipion)	1876	1894
M. Zanote (Léon)	1876	1888
M. Thomas (Emile)	1881	1896
M. Pipault	depuis	1889
M. Zanote (Georges)	depuis	1896
M. Gaultier	depuis	1902
M. Verdier	depuis	1902
M. Brochet	depuis	1902

MONTEREAU. — IMP. ZANOTE, 8, RUE DE L'HOTEL-DE-VILLE. — 1904

MONTEREAU. — IMP. C. ZANOTE

www.ingramcontent.com/pod-product-compliance
Ingram Content Group UK Ltd.
Pitfield, Milton Keynes, MK11 3LW, UK
UKHW022145170726
13837UKWH00004B/1787